Kaushal Kumar
Paramvir Yadav

Gestão do fluxo de trabalho

Kaushal Kumar
Paramvir Yadav

Gestão do fluxo de trabalho

ScienciaScripts

Imprint

Any brand names and product names mentioned in this book are subject to trademark, brand or patent protection and are trademarks or registered trademarks of their respective holders. The use of brand names, product names, common names, trade names, product descriptions etc. even without a particular marking in this work is in no way to be construed to mean that such names may be regarded as unrestricted in respect of trademark and brand protection legislation and could thus be used by anyone.

Cover image: www.ingimage.com

This book is a translation from the original published under ISBN 978-620-7-80905-9.

Publisher:
Sciencia Scripts
is a trademark of
Dodo Books Indian Ocean Ltd. and OmniScriptum S.R.L publishing group

120 High Road, East Finchley, London, N2 9ED, United Kingdom
Str. Armeneasca 28/1, office 1, Chisinau MD-2012, Republic of Moldova, Europe
Printed at: see last page
ISBN: 978-620-7-84853-9

ÍNDICE DE CONTEÚDO

PREFÁCIO

Flow Shop Management analisa as estratégias e os princípios essenciais que impulsionam a eficiência dos ambientes de fabrico e produção. Este livro tem como objetivo oferecer uma visão abrangente das operações de flow shop, equilibrando conhecimentos teóricos com aplicações práticas. Aborda aspectos fundamentais como a conceção do fluxo de trabalho, os algoritmos de programação e a integração de tecnologias avançadas para otimizar os processos de produção. Adaptado a estudantes, investigadores e profissionais da indústria, este livro fornece uma compreensão fundamental juntamente com estratégias avançadas para aumentar a produtividade. Os tópicos principais incluem a importância dos sistemas de flow shop, técnicas de programação detalhadas e o impacto dos avanços tecnológicos modernos na eficiência da produção. Através deste livro, os leitores obterão conhecimentos valiosos sobre as complexidades da gestão de operações de flow shop, garantindo que estão bem equipados para enfrentar desafios e melhorar o desempenho em ambientes industriais.

CAPÍTULO 1

INTRODUÇÃO À GESTÃO DE FLOW SHOPS

A gestão de flow shop é um aspeto crucial dos sistemas de fabrico e produção, centrando-se na otimização do fluxo de materiais e tarefas através de uma sequência de etapas de produção. Este artigo explora os conceitos fundamentais, as características, a evolução histórica e a importância de uma gestão eficiente do flow shop.

1.1 Definição e características dos sistemas flow shop

Um sistema de produção em série é uma configuração de fabrico em que são produzidos artigos idênticos através de uma sequência fixa de operações ou processos. Esta sequência é pré-determinada e cada operação deve ser concluída antes de se poder iniciar a seguinte. As principais características dos sistemas flow shop incluem:

1. **Sequência fixa**: Existe uma ordem específica pela qual as operações devem ser efectuadas em cada item à medida que este avança no processo de produção.

2. **Operações idênticas**: Cada operação é tipicamente a mesma para cada item, garantindo uniformidade e padronização na produção.

3. **Equipamento especializado**: As lojas de fluxo utilizam frequentemente equipamento ou maquinaria especializada em cada fase do processo para facilitar uma produção eficiente.

4. **Elevada eficiência**: Devido à sequência fixa e às operações normalizadas, as lojas de fluxo podem atingir uma elevada eficiência e rendimento em comparação com outros sistemas de produção.

5. **Complexidade da programação**: A sequenciação e programação de operações em flow shops pode ser complexa e crítica para minimizar o tempo de inatividade e maximizar a utilização.

6. **Controlo automatizado**: Muitas lojas de fluxo modernas incorporam sistemas de controlo automatizados para gerir e monitorizar continuamente o processo de produção.

1.2   Importância de uma gestão eficiente do flow shop

Uma gestão eficiente do fluxo de trabalho é crucial por várias razões:

1. **Fluxo de produção optimizado**: Uma gestão adequada assegura um fluxo suave e optimizado de materiais e tarefas, minimizando os estrangulamentos e os atrasos.

2. **Eficiência de custos**: Uma gestão eficaz conduz à redução dos custos de produção através de uma melhor utilização dos recursos e da minimização dos resíduos.

3. **Melhoria da qualidade**: Ao manter processos e normas consistentes, a gestão de flow shop contribui para uma maior qualidade e fiabilidade dos produtos.

4. **Produtividade melhorada**: As oficinas de fluxo bem geridas podem atingir níveis de produtividade mais elevados devido à minimização do tempo de inatividade e à utilização eficiente dos recursos.

5. **Vantagem competitiva**: Uma gestão eficiente do flow shop pode proporcionar uma vantagem competitiva ao permitir prazos de entrega mais rápidos e uma melhor capacidade de resposta às exigências dos clientes.

1.3 Panorama histórico e evolução dos conceitos de Flow Shop

O conceito de sistemas flow shop tem evoluído ao longo do tempo, a par dos avanços na tecnologia de fabrico e nas práticas de gestão.

1.3.1 Primeiros desenvolvimentos e Revolução Industrial

Durante a Revolução Industrial, no final do século XVIII e início do século XIX, os processos de fabrico baseavam-se em grande medida no trabalho manual e em maquinaria básica. Os princípios do flow shop começaram a surgir à medida que as indústrias procuravam formas de aumentar a produtividade e otimizar a produção.

1.3.2 Taylorismo e gestão científica

No início do século XX, Frederick Taylor foi pioneiro nos princípios da gestão científica, dando ênfase a abordagens sistemáticas para melhorar a produtividade através de estudos de tempo e movimento. As ideias de Taylor lançaram as bases para organizar o trabalho de forma fluida para maximizar a eficiência.

1.3.3 Henry Ford e a produção em massa

Henry Ford revolucionou o fabrico com o seu método de linha de montagem no início do século XX. A sua introdução de linhas de montagem móveis para a produção de automóveis exemplificou o conceito de oficina de fluxo, organizando operações sequenciais numa ordem fixa para conseguir uma produção de grande volume com o mínimo de desperdício.

1.3.4 Desenvolvimento do Planeamento e Controlo da Produção

Em meados do século XX, surgiu o campo do planeamento e controlo da produção (PPC) para dar resposta às complexidades da gestão das operações de flow shop. Técnicas como os diagramas de Gantt, o método do caminho crítico (CPM) e a técnica de avaliação e revisão de programas (PERT) foram desenvolvidas para programar e coordenar actividades de forma eficaz.

1.3.5 Lean Manufacturing e Just-in-Time (JIT)

A partir da década de 1970, os princípios da produção optimizada e do JIT ganharam destaque, centrando-se na eliminação de desperdícios e na otimização do fluxo. Estes conceitos enfatizaram a importância da melhoria contínua, do envolvimento dos funcionários e de sistemas de produção reactivos - todos eles parte integrante de uma gestão eficiente de uma loja de fluxo.

1.3.6 Informatização e Indústria 4.0

Nas últimas décadas, os avanços na informatização, na automação e nas tecnologias digitais transformaram a gestão de flow shop. As iniciativas da Indústria 4.0 integram sistemas ciber-físicos, IoT (Internet das Coisas) e IA (Inteligência Artificial) para criar fábricas inteligentes capazes de analisar dados em tempo real e adaptar os processos de produção.

1.4 Desafios e inovações contemporâneos

Atualmente, a gestão de flow shops enfrenta vários desafios e oportunidades de inovação:

1. **Cadeias de abastecimento globais**: A gestão de flow shops em cadeias de abastecimento globais complexas requer sistemas robustos de logística e de gestão da cadeia de abastecimento.

2. **Personalização e flexibilidade**: Equilíbrio entre a eficiência das operações de flow shop e a necessidade de personalização e flexibilidade para satisfazer as diversas exigências dos clientes.

3. **Sustentabilidade**: Adoção de práticas sustentáveis na gestão do flow shop, tais como a   redução do consumo de energia e da produção de resíduos.

4. **Cibersegurança**: Proteção contra ciberameaças dos sistemas e dados digitais em ambientes interconectados de flow shop.

5. **Design centrado no ser humano**: Integrar os princípios ergonómicos e o bem-estar dos trabalhadores na disposição e nas operações do flow shop.

CAPÍTULO 2

CONCEPÇÃO DE LAYOUT DE FLOW SHOP

A conceção da disposição das oficinas de fluxo é um aspeto crítico das instalações de fabrico e produção, visando otimizar o fluxo de materiais, produtos e informações através de uma sequência de operações. Este artigo explora os princípios, os tipos e as considerações ergonómicas da conceção da disposição de uma loja de fluxo.

2.1 Princípios da estrutura da loja de fluxo

Os layouts de flow shop eficazes são concebidos com base em vários princípios-chave:

1. **Fluxo sequencial**: Os layouts de flow shop são caracterizados por um fluxo sequencial de materiais ou produtos através de uma série de operações. Cada operação segue uma sequência fixa, assegurando que o trabalho progride sem problemas de uma fase para a seguinte.

2. **Minimização de movimentos**: O layout deve minimizar os movimentos desnecessários de materiais, componentes e trabalhadores. Isto reduz o tempo de manuseamento, elimina o desperdício e melhora a eficiência global.

3. **Utilização óptima do espaço**: A utilização eficiente do espaço é crucial nos layouts das oficinas de fluxo. O equipamento, os postos de trabalho e as áreas de armazenamento devem ser organizados de forma a minimizar o espaço no chão, maximizando a acessibilidade e o fluxo operacional.

4. **Flexibilidade e adaptabilidade**: Os layouts de flow shop devem ser concebidos com flexibilidade para acomodar mudanças no volume de produção,

mix de produtos e avanços tecnológicos. Esta adaptabilidade garante que a disposição se mantém eficiente ao longo do tempo.

5. **Segurança e Ergonomia**: As considerações de segurança, como a largura adequada dos corredores, a conceção ergonómica dos postos de trabalho e a sinalização clara, fazem parte integrante das disposições das oficinas de fluxo para garantir um ambiente de trabalho seguro para os funcionários.

6. **Visibilidade e controlo**: A supervisão e o controlo das operações são facilitados por uma visibilidade clara do chão de fábrica. A conceção do layout deve permitir que os gestores e supervisores monitorizem eficazmente as operações e intervenham quando necessário.

7. **Integração dos serviços de apoio**: Os serviços de apoio, tais como a manutenção, o controlo de qualidade e o manuseamento de materiais, devem ser integrados na disposição do flow shop para simplificar as operações e reduzir o tempo de inatividade.

2.2 Tipos de configurações de Flow Shop

Os layouts de flow shop podem ser classificados em várias configurações, cada uma adequada a diferentes requisitos de produção e eficiências operacionais:

1. Loja de fluxo em linha reta

Numa configuração de loja de fluxo em linha reta, as operações são organizadas sequencialmente em linha reta desde o início até ao fim do processo de produção. Esta disposição é simples e facilita um fluxo claro e direto de materiais e produtos de uma operação para a seguinte.

Vantagens:

• **Sequência clara**: Fácil de compreender e gerir o fluxo de produção.

• **Eficiência de espaço**: Normalmente, requer menos espaço no chão em comparação com outras disposições.

• **Manuseamento simplificado de materiais**: Movimento direto de materiais ao longo de um percurso linear.

Desvantagens:

• **Flexibilidade limitada**: É difícil adaptar-se a alterações no volume de produção ou na gama de produtos.

• **Potenciais estrangulamentos**: Suscetível de estrangulamentos se uma operação abrandar ou parar.

2. Loja de fluxo em forma de U

A disposição de uma loja de fluxo em forma de U organiza as estações de trabalho ou operações numa configuração em forma de U. Esta disposição permite uma utilização mais compacta e eficiente do espaço em comparação com uma disposição em linha reta, mantendo um fluxo sequencial de operações.

Vantagens:

• **Design compacto**: Maximiza a utilização do espaço e facilita um percurso de fluxo mais curto.

• **Comunicação melhorada**: Melhora a comunicação e a interação entre estações de trabalho.

• **Redução do manuseamento de materiais**: Promove a movimentação eficiente de materiais numa área mais pequena.

Desvantagens:

• **Custo inicial mais elevado**: Pode exigir um maior investimento inicial devido às estações de trabalho personalizadas.

• **Escalabilidade limitada**: Menos flexível na acomodação de estações de trabalho ou equipamentos adicionais.

3. Loja de Fluxo Circular

Numa disposição circular, as estações de trabalho ou operações estão dispostas num padrão circular ou semicircular. Esta disposição é frequentemente utilizada em processos de fabrico repetitivos em que são produzidos vários produtos ou peças em simultâneo.

Vantagens:

• **Fluxo contínuo**: Facilita um movimento contínuo e circular de materiais e produtos.

• **Carga de trabalho equilibrada**: Ajuda a equilibrar a carga de trabalho entre as diferentes operações.

• **Utilização eficiente do espaço**: Optimiza o espaço no chão e minimiza as distâncias de manuseamento do material.

Desvantagens:

• **Disposição complexa**: Requer um planeamento e conceção cuidadosos para garantir um fluxo eficiente sem congestionamentos.

• **Custos de manuseamento mais elevados**: Pode aumentar os custos de manuseamento de materiais devido ao movimento circular.

4. Loja de Fluxo Paralelo

Um layout de loja de fluxo paralelo consiste em várias linhas de produção que funcionam de forma independente, mas em paralelo. Cada linha segue a sua própria sequência de operações, permitindo a produção simultânea de diferentes produtos ou variantes.

Vantagens:

• **Elevada flexibilidade**: Permite a produção de diferentes produtos ou variantes em simultâneo.

• **Redundância**: Oferece redundância em caso de avaria ou manutenção do equipamento.

• **Escalabilidade**: Facilmente escalável, adicionando ou removendo linhas de produção conforme necessário.

Desvantagens:

• **Programação complexa**: Requer uma programação sofisticada para coordenar várias linhas e otimizar o rendimento global.

• **Maior necessidade de espaço**: Normalmente, requer mais espaço em comparação com outras disposições.

2.3 Considerações ergonómicas na conceção do Flow Shop

Os princípios ergonómicos desempenham um papel crucial na conceção de layouts de flow shop para garantir um ambiente de trabalho seguro e produtivo para os funcionários. As principais considerações ergonómicas incluem:

1. **Conceção do posto de trabalho**: Os postos de trabalho devem ser concebidos de forma ergonómica para minimizar o esforço físico e a fadiga. Isto inclui alturas ajustáveis, assentos ergonómicos e iluminação adequada.

2. **Largura do** corredor: A largura adequada do corredor é essencial para facilitar o movimento seguro de materiais, equipamento e pessoal. Corredores estreitos podem aumentar o risco de acidentes e dificultar o fluxo de trabalho eficiente.

3. **Equipamento de manuseamento de materiais**: A utilização de equipamento ergonómico de manuseamento de materiais, como mesas elevatórias, tapetes rolantes e carrinhos, pode reduzir as lesões por esforço e melhorar a eficiência do manuseamento de materiais.

4. **Controlo do ruído e das vibrações**: A minimização dos níveis de ruído e vibração no ambiente de trabalho através da insonorização, do amortecimento das vibrações e da manutenção adequada do equipamento melhora o conforto e a produtividade dos trabalhadores.

5. **Sinalética e marcações de segurança**: A sinalização de segurança, as marcações e as instruções claras e visíveis ajudam a evitar acidentes e orientam os funcionários na navegação segura pelo layout da loja de fluxo.

6. **Factores ambientais**: A consideração de factores ambientais, como o controlo da temperatura, a ventilação e a qualidade do ar, contribui para o conforto e o bem-estar dos trabalhadores.

CAPÍTULO 3

TÉCNICAS DE PROGRAMAÇÃO FLOW SHOP

A programação de produção é um aspeto crítico do planeamento da produção em ambientes de fabrico em que uma sequência de operações deve ser concluída numa ordem específica para cada trabalho. Este artigo explora os objectivos, os desafios, os algoritmos de programação clássicos e as técnicas avançadas utilizadas na programação de produção em contínuo.

3.1 Objectivos e desafios da programação Flow Shop

3.1.1 Objectivos:

1. **Minimização do makespan**: O principal objetivo da programação do flow shop é minimizar o makespan, que é o tempo total necessário para completar todas as tarefas na linha de produção.
2. **Maximização da utilização de recursos**: A programação eficiente tem como objetivo maximizar a utilização de recursos como máquinas, mão de obra e materiais.
3. **Cumprimento dos prazos**: A programação deve garantir que os trabalhos sejam concluídos dentro dos prazos especificados ou das datas de entrega ao cliente.
4. **Reduzir o tempo de inatividade**: Minimizar o tempo de inatividade entre operações e máquinas ajuda a melhorar a eficiência e o rendimento globais.
5. **Balanceamento de cargas de trabalho**: Conseguir cargas de trabalho equilibradas entre máquinas ou estações de trabalho para evitar

estrangulamentos e otimizar o fluxo.

3.1.2 Desafios:

1. **Complexidade**: A programação do flow shop é NP-difícil, o que significa que encontrar uma solução óptima se torna computacionalmente difícil à medida que o número de trabalhos e máquinas aumenta.

2. **Dependência de sequência**: A sequência fixa de operações para cada trabalho limita a flexibilidade e complica a programação.

3. **Restrições de recursos**: A disponibilidade limitada de máquinas, mão de obra ou materiais aumenta a complexidade das decisões de programação.

4. **Ambiente dinâmico**: Alterações nas prioridades das tarefas, avarias de máquinas ou eventos inesperados requerem ajustes em tempo real aos horários.

5. **Otimização Multi-objetivo**: Equilíbrio de objectivos contraditórios, como a minimização do makespan e a redução do tempo de inatividade ou a manutenção de uma carga de trabalho equilibrada.

3.2 Algoritmos clássicos de programação

Foram desenvolvidos vários algoritmos clássicos para resolver os problemas de programação de lojas de fluxo. Estes algoritmos fornecem abordagens heurísticas para encontrar soluções quase óptimas de forma eficiente.

3.2.1 Regra de Johnson

A Regra de Johnson é um algoritmo heurístico utilizado para programar trabalhos num flow shop de duas máquinas em que cada trabalho consiste em duas operações que devem ser processadas sequencialmente na Máquina 1 e na Máquina 2. A regra minimiza o makespan determinando a sequência óptima de trabalhos com base nos seus tempos de processamento.

Passos:

1. Identifique os trabalhos que têm o tempo mínimo de processamento na Máquina 1 ou na Máquina 2.

2. Agende primeiro o trabalho com o tempo de processamento mínimo.

3. Continuar a programar os trabalhos com base nos tempos de processamento restantes até que todos os trabalhos estejam programados.
A regra de Johnson é eficaz para minimizar o tempo de fabrico em oficinas de fluxo de duas máquinas, mas torna-se impraticável para um maior número de máquinas devido à complexidade computacional.

3.2.2 Heurística de Palmer

A Heurística de Palmer é um algoritmo construtivo utilizado para a programação de flow shop que dá prioridade aos trabalhos com base nos seus tempos totais de processamento. O objetivo do algoritmo é minimizar o tempo de fluxo total, que é a soma dos tempos de conclusão de todos os trabalhos.

Passos:

1. Calcule o tempo total de processamento de cada trabalho em todas as máquinas.

2. Ordenar os trabalhos por ordem decrescente com base nos seus tempos totais de processamento.

3. Programar as tarefas por ordem ordenada, com o objetivo de minimizar o tempo total do fluxo.

A heurística de Palmer é simples e fornece boas soluções para problemas de programação de lojas de fluxo de média dimensão, mas pode nem sempre garantir resultados óptimos.

3.2.3 Algoritmo NEH (Nawaz, Enscore, Ham)

O algoritmo NEH é uma heurística desenvolvida para a programação flow shop que constrói iterativamente programas inserindo tarefas numa sequência inicial com base nos seus tempos de processamento. O seu objetivo é minimizar o makespan através da avaliação sistemática de diferentes sequências de tarefas.

Passos:

1. Ordenar os trabalhos com base nos seus tempos de processamento por ordem não crescente.

2. Inicializar com a sequência de trabalhos ordenada pelo primeiro trabalho.

3. Inserir cada trabalho subsequente em todas as posições possíveis e avaliar o tempo de execução resultante.

4. Seleccione a sequência que produz o menor tempo de execução depois de todos os trabalhos terem sido inseridos.

O algoritmo NEH é eficiente e, muitas vezes, supera outras heurísticas na minimização do tempo de execução para problemas de programação de flow shop com um pequeno número de tarefas.

3.3 Técnicas avançadas de programação

As técnicas avançadas de programação utilizam algoritmos de otimização inspirados na natureza ou na inteligência computacional para resolver eficazmente problemas complexos de programação de lojas de fluxo.

3.3.1 Algoritmos genéticos

Os Algoritmos Genéticos (AG) são algoritmos evolutivos inspirados no processo de seleção natural e na genética. São utilizados para resolver problemas de otimização através da evolução iterativa de uma população de soluções potenciais para uma solução óptima ou quase óptima.

Aplicação à programação Flow Shop:

• **Representação**: Cada solução (cromossoma) representa uma sequência de trabalhos.

• **Inicialização**: Gerar uma população inicial de cromossomas de forma aleatória ou utilizando heurísticas.

• **Seleção**: Avaliar a aptidão (função objetivo) de cada cromossoma e selecionar os pais para reprodução com base na aptidão.

• **Cruzamento**: Criar novos descendentes através da combinação de material genético (sequências de trabalho) de pais seleccionados.

• **Mutação**: Introduzir alterações aleatórias (mutações) na descendência para manter a diversidade.

• **Substituição**: Substituir os indivíduos menos aptos da população por novos descendentes.

• **Terminação**: Parar quando for cumprida uma condição de terminação (por exemplo, número máximo de gerações).

Os Algoritmos Genéticos são eficazes para a programação de flow shop devido à sua capacidade de explorar grandes espaços de solução e encontrar soluções quase óptimas, embora exijam a afinação de parâmetros e recursos computacionais.

3.3.2 Recozimento Simulado

O recozimento simulado (SA) é uma técnica probabilística inspirada no processo de recozimento na metalurgia, em que os metais são arrefecidos lentamente para atingir um estado cristalino de baixa energia. A SA é utilizada para encontrar soluções quase óptimas, permitindo movimentos ascendentes ocasionais para escapar aos óptimos locais.

Aplicação à programação Flow Shop:

• **Inicialização**: Começar com uma solução inicial (sequência de tarefas).

• **Pesquisa de vizinhança**: Explorar soluções vizinhas efectuando pequenas alterações (por exemplo, trocar de funções).

• **Critério de aceitação**: Aceitar novas soluções com uma probabilidade que depende da diferença nos valores da função objetivo (por exemplo, makespan).

• **Arrefecimento da temperatura**: Reduzir a probabilidade de aceitar soluções piores (aumento da temperatura) ao longo do tempo.

• **Terminação**: Parar quando for satisfeita uma condição de terminação (por exemplo, número máximo de iterações).

O recozimento simulado é eficaz para problemas de programação de oficinas de fluxo com espaços de solução complexos, mas pode exigir a afinação de parâmetros como a temperatura inicial e o programa de arrefecimento.

3.3.3 Otimização por Colónias de Formigas (ACO)

A Otimização por Colónias de Formigas (ACO) é uma metaheurística inspirada no comportamento de procura de alimentos das formigas. É utilizada para resolver problemas de otimização, simulando o comportamento cooperativo das formigas para encontrar o caminho mais curto entre o seu ninho e as fontes de alimento.

Aplicação à programação Flow Shop:

• **Representação**: Modelar as tarefas como nós e os caminhos entre nós como potenciais sequências de tarefas.

• **Inicialização**: Inicializar os rastos de feromonas (probabilidades) nos caminhos entre nós.

• **Movimento de formigas**: Construir soluções (sequências de tarefas) através da seleção probabilística de tarefas com base em pistas de feromonas e informações heurísticas.

• **Atualização de feromonas**: Atualizar as pistas de feromonas com base na qualidade (por exemplo, makespan) das soluções construídas.

• **Atualização global**: Evaporar os rastos de feromonas ao longo do tempo para encorajar a exploração.

• **Terminação**: Parar quando for satisfeita uma condição de terminação (por exemplo, iterações máximas sem melhoria).

O ACO é eficaz para a programação de flow shop devido à sua capacidade de encontrar boas soluções através da exploração iterativa e da exploração do espaço de soluções, embora a afinação dos parâmetros e a complexidade computacional sejam factores a considerar.

CAPÍTULO 4

O FABRICO OPTIMIZADO EM OPERAÇÕES DE FLOW SHOP

Os princípios do Lean Manufacturing oferecem uma abordagem sistemática para otimizar as operações de flow shop, eliminando o desperdício, melhorando a eficiência e aumentando a produtividade global. Este artigo explora os fundamentos do lean manufacturing, a sua aplicação através de várias ferramentas em ambientes de flow shop e os benefícios da adoção de práticas lean.

1.1 Introdução aos princípios do Lean Manufacturing

O fabrico Lean, muitas vezes referido simplesmente como "Lean", é uma filosofia e uma abordagem de gestão que teve origem na indústria automóvel, particularmente no Sistema de Produção Toyota (TPS). Os princípios fundamentais do Lean centram-se na maximização do valor para o cliente, minimizando o desperdício. Os princípios-chave incluem:

1. **Valor**: Identificar e definir o que constitui valor na perspetiva do cliente.

2. **Fluxo de valor**: Mapear todo o fluxo de valor de cada produto ou serviço para identificar todas as actividades e processos que criam valor e os que não criam.

3. **Fluxo**: Assegurar um fluxo suave e ininterrupto de produtos ou serviços através do fluxo de valor, minimizando o tamanho dos lotes e o inventário.

4. **Puxar**: Estabelecer um sistema de puxar em que a produção se baseia na procura real do cliente e não na previsão, reduzindo a sobreprodução.

5. **Perfeição**: Procurar continuamente a perfeição através da melhoria contínua (Kaizen) e do respeito pelas pessoas.

1.2 Aplicação das ferramentas Lean no Flow Shop

1.2.1Just-in-Time (JIT)

O Just-in-Time (JIT) é um princípio e uma prática fundamentais do fabrico Lean que visa produzir apenas o que é necessário, quando é necessário e na quantidade necessária. Nas operações de flow shop, o JIT ajuda a minimizar o inventário, a reduzir os prazos de entrega e a melhorar a capacidade de resposta à procura dos clientes.

Implementação em Flow Shop:

• **Gestão de inventário**: Manter níveis baixos de inventário, sincronizando a produção com a procura dos clientes.

• **Programação da produção**: Utilizar sistemas de extração para desencadear a produção com base nas encomendas dos clientes em vez de empurrar os produtos para o inventário.

• **Relações com fornecedores**: Desenvolver relações estreitas com os fornecedores para garantir a entrega atempada de materiais e componentes, conforme necessário.

Benefícios:

• **Redução de custos**: Custos mais baixos de manutenção de stocks e redução de resíduos.

• **Eficiência melhorada**: Processos de produção simplificados e prazos de entrega reduzidos.

• **Maior qualidade**: A concentração na produção de acordo com a procura do cliente conduz a um melhor controlo da qualidade.

1.2.2 Sistemas Kanban

O Kanban é um sistema de programação visual utilizado para controlar o fluxo de materiais e informações nos processos de fabrico. Utiliza cartões ou sinais para autorizar a produção ou o movimento de artigos através de diferentes fases de produção.

Implementação no Flow Shop:

• **Gestão visual**: Utilizar cartões Kanban ou sinais electrónicos para comunicar a procura e autorizar a produção ou o movimento de materiais.
• **Sistema pull**: Acionar a produção ou o reabastecimento com base no consumo de materiais a jusante.
• **Otimização do fluxo de trabalho**: Otimizar o fluxo de trabalho, identificando estrangulamentos e assegurando um fluxo contínuo.

Benefícios:

• **Redução do desperdício**: Minimizar a sobreprodução e o excesso de inventário.

• **Comunicação melhorada**: Melhorar a comunicação entre as diferentes fases da produção.

• **Flexibilidade**: Ajustar facilmente os níveis de produção e responder às alterações da procura.

1.2.3 Mapeamento do Fluxo de Valor (VSM)

O mapeamento do fluxo de valor é uma ferramenta utilizada para visualizar e analisar o fluxo de materiais e informações necessários para levar um produto ou serviço a um cliente. Identifica as actividades que acrescentam valor e as que não acrescentam valor (desperdícios) no processo de produção.

Implementação no Flow Shop:

• **Mapeamento do estado atual**: Criar um mapa do estado atual de todo o processo de produção para identificar desperdícios e ineficiências.

• **Mapeamento do estado futuro**: Desenvolver um mapa do estado futuro delineando melhorias e estados-alvo para o processo de produção.

• **Eventos Kaizen**: Utilizar o VSM para orientar eventos Kaizen destinados a melhorar aspectos específicos do processo de produção.

Benefícios:

• **Visibilidade**: Obter uma compreensão clara de todo o processo de produção e identificar oportunidades de melhoria.

• **Redução de resíduos**: Eliminar o desperdício e as actividades que não acrescentam valor.

• **Otimização de processos**: Simplificar as operações e melhorar a eficiência global.

1.2.4 Kaizen (Melhoria Contínua)

Kaizen, que significa "mudança para melhor", refere-se à filosofia de melhoria contínua em todos os aspectos de uma organização, envolvendo todos, desde a gestão de topo até aos trabalhadores da linha da frente. Dá ênfase à realização diária de pequenas melhorias incrementais para alcançar resultados significativos a longo prazo.

Implementação em Flow Shop:

• **Envolvimento dos funcionários**: Promover uma cultura de melhoria contínua em que os funcionários são incentivados a identificar e implementar pequenas melhorias nas suas áreas de trabalho.

• **Eventos Kaizen**: Organizar eventos Kaizen ou workshops centrados em áreas específicas do processo de produção para obter melhorias rápidas.

• **Medição e feedback**: Estabelecer métricas para medir as melhorias e dar feedback às equipas.

Benefícios:

• **Aprendizagem contínua**: Desenvolver uma organização de aprendizagem onde os empregados estão constantemente a aprender e a melhorar.

• **Adaptabilidade**: Adaptar-se rapidamente às condições de mercado e às exigências dos clientes em constante mudança.

• **Melhoria da qualidade**: Melhorar a qualidade do produto e a satisfação do cliente.

CAPÍTULO 5

GESTÃO DA QUALIDADE EM FLOW SHOP

A gestão da qualidade em operações de flow shop é crucial para garantir uma qualidade consistente dos produtos, minimizar os defeitos e otimizar os processos de produção. Este artigo explora os princípios e metodologias da Gestão da Qualidade Total (TQM), Controlo Estatístico do Processo (SPC) e Seis Sigma aplicados em ambientes de flow shop.

1.3 Princípios da gestão da qualidade total (TQM)

A Gestão da Qualidade Total (TQM) é uma abordagem abrangente para melhorar a qualidade e a eficiência a todos os níveis de uma organização. Envolve um compromisso com a satisfação do cliente, a melhoria contínua e o envolvimento de todos os funcionários nos esforços de melhoria da qualidade. Os princípios-chave da TQM incluem:

1. **Foco no cliente**: Compreender e satisfazer os requisitos e expectativas dos clientes para alcançar a sua satisfação.

2. **Melhoria contínua**: Esforçar-se continuamente para melhorar processos, produtos e serviços através de mudanças incrementais e inovação.

3. **Envolvimento dos funcionários**: Capacitar e envolver os funcionários a todos os níveis nas iniciativas de melhoria da qualidade e nos processos de tomada de decisão.

4. **Abordagem por processos**: Foco na compreensão e gestão de processos inter-relacionados como um sistema para atingir os objectivos organizacionais.

5. **Tomada de decisões com base em factos**: Basear as decisões na análise de

dados e informações e não em suposições ou opiniões.

6. **Relações com fornecedores**: Construir relações sólidas com os fornecedores para garantir materiais e componentes de qualidade para a produção.

1.4 Controlo estatístico do processo (SPC) em configurações de Flow Shop

O Controlo Estatístico do Processo (CEP) é um método de controlo da qualidade que utiliza técnicas estatísticas para monitorizar e controlar os processos de produção. Ajuda a garantir que os processos funcionam eficientemente, produzem consistentemente resultados de alta qualidade e identificam quaisquer variações ou defeitos numa fase inicial. Os principais componentes do SPC incluem:

1. **Gráficos de controlo**: Ferramentas gráficas utilizadas para monitorizar o desempenho do processo ao longo do tempo, traçando pontos de dados como medições ou defeitos.

2. **Análise da capacidade do processo**: Avaliar a capacidade de um processo para cumprir as especificações e produzir produtos dentro dos limites de tolerância.

3. **Redução da variação**: Analisar e reduzir a variação nos processos para melhorar a consistência e a qualidade da produção.

4. **Análise da causa raiz**: Investigar as causas de variação ou defeitos nos processos e implementar acções correctivas.

Implementação no Flow Shop:

• **Recolha de dados**: Recolha de dados sobre parâmetros de processo, medições e características de qualidade.

• **Controlo Limites**: Estabelecimento de controlo limitescom base n processo variabilidade e especificações.

• **Monitorização e análise**: Utilização de cartas de controlo para monitorizar o desempenho do processo e detetar tendências ou desvios.

• **Feedback e ajustamento**: Tomar medidas correctivas com base na análise SPC para manter a estabilidade do processo e melhorar a qualidade.

Benefícios:

• **Deteção precoce de problemas**: Identificação precoce de desvios ou defeitos do processo, reduzindo o retrabalho e o desperdício.

• **Melhoria de processos**: Promover a melhoria contínua através da análise de dados e da tomada de decisões informadas.

• **Melhoria da satisfação do cliente**: Fornecimento consistente de produtos que satisfazem os requisitos e expectativas dos clientes.

1.5 Metodologia Six Sigma e sua aplicação

O Six Sigma é uma abordagem disciplinada e baseada em dados para a melhoria de processos, com o objetivo de reduzir os defeitos e a variação nos processos para alcançar uma qualidade quase perfeita. Combina métodos estatísticos com princípios de gestão da qualidade para identificar e eliminar as causas profundas dos defeitos e melhorar o desempenho geral do processo. Os principais elementos do Six Sigma incluem:

1. **Definir**: Definir os objectivos do projeto e os requisitos do cliente e desenvolver um plano de projeto.

2. **Medida**: Medir o desempenho do processo e recolher dados relevantes para

estabelecer o desempenho de base.

3. **Analisar**: Analisar os dados para identificar as causas principais dos defeitos e da variação do processo.

4. **Melhorar**: Implementar melhorias para resolver as causas principais e otimizar o desempenho do processo.

5. **Controlo**: Estabelecer controlos para manter as melhorias e monitorizar o desempenho do processo ao longo do tempo.

Metodologia DMAIC:

• **Definir**: Definir o problema, os objectivos do projeto e os requisitos do cliente.

• **Medida**: Medir o desempenho do processo e recolher dados para análise.

• **Analisar**: Analisar os dados para identificar as causas principais dos defeitos e da variação do processo.

• **Melhorar**: Implementar soluções para resolver as causas de raiz e melhorar o desempenho do processo.

• **Controlo**: Estabelecer controlos para manter as melhorias e monitorizar o desempenho do processo.

Aplicação em Flow Shop:

• **Projectos de melhoria da qualidade**: Utilize projectos Six Sigma para resolver problemas de qualidade específicos, como a redução de defeitos, a melhoria dos tempos de ciclo ou a otimização da utilização de recursos.

• **Tomada de decisões baseada em dados**: Basear os esforços de melhoria em análises estatísticas e dados e não em suposições.

• **Equipas multifuncionais**: Formar equipas multifuncionais para colaborar na resolução de problemas e em iniciativas de melhoria.

• **Formação e certificação**: Formar os funcionários em metodologias e ferramentas Six Sigma para desenvolver a capacidade interna de melhoria contínua.

Benefícios:

• **Redução de defeitos**: Redução significativa dos defeitos e da variação do processo.

• **Poupança de custos**: Custos mais baixos associados a retrabalho, sucata e reclamações de garantia.

• **Satisfação do cliente**: Cumprir ou exceder de forma consistente as expectativas dos clientes em termos de qualidade.

CAPÍTULO 6

GESTÃO DE STOCKS EM FLOW SHOP

A gestão de inventário em operações de flow shop é crucial para manter os processos de produção sem problemas, satisfazer a procura dos clientes e otimizar os custos. Este artigo explora os tipos de inventário em ambientes de flow shop, técnicas de controlo de inventário como a Quantidade de Encomenda Económica (EOQ) e Just-in-Time (JIT), e a integração da gestão da cadeia de fornecimento com o Inventário Gerido pelo Fornecedor (VMI).

6.1 Tipos de inventário no Flow Shop

O inventário nas operações de flow shop pode ser classificado em três tipos principais com base na sua fase no processo de produção:

1. **Inventário de matérias-primas**:

o **Definição**: O inventário de matérias-primas consiste em materiais e componentes adquiridos a fornecedores que são utilizados no processo de produção.

o **Objetivo**: Assegurar a disponibilidade de materiais para iniciar a produção sem atrasos.

o **Desafios**: Gerir os prazos de entrega, o controlo de qualidade dos materiais recebidos e os custos de manutenção do inventário.

2. **Inventário de material em processo (WIP)**:

o **Definição**: O inventário WIP inclui materiais, componentes ou produtos que se encontram em várias fases do processo de produção, mas que ainda não estão concluídos.

o **Objetivo**: Facilitar o fluxo de trabalho e a continuidade da produção.

o **Desafios**: Equilibrar os níveis de WIP para evitar a sobreprodução ou a subutilização de recursos.

3. **Inventário de produtos acabados**:

o **Definição**: O inventário de produtos acabados inclui produtos que concluíram o processo de produção e estão prontos para serem expedidos para os clientes ou para distribuição.

o **Objetivo**: Satisfazer prontamente a procura dos clientes e proteger-se contra as flutuações da procura.

o **Desafios**: Minimizar o excesso de inventário e garantir a disponibilidade para satisfazer as encomendas dos clientes.

6.2 Técnicas de controlo de inventário

A gestão eficaz do inventário em operações de flow shop implica a utilização de várias técnicas de controlo para otimizar os níveis de inventário, minimizar os custos de transporte e assegurar a disponibilidade atempada de materiais e produtos.

6.2.1 Quantidade de encomenda económica (EOQ)

A Quantidade Económica de Encomenda (EOQ) é um modelo tradicional de controlo de inventário que determina a quantidade ideal de inventário a encomendar, equilibrando os custos de encomenda e os custos de detenção.

Conceitos-chave:

- **Custo de encomenda**: Custo incorrido sempre que uma encomenda é efectuada, incluindo custos administrativos, custos de preparação e custos de transporte.
- **Custo de detenção**: Custo de detenção ou transporte de inventário, incluindo custos de armazenamento, seguro e custo de oportunidade do capital.
- **Fórmula EOQ**: $EOQ=2DSHEOQ = \sqrt{\frac{2DS}{H}}EOQ=H2DS$
  - Em que DDD é a taxa de procura (unidades por período de tempo),
  - SSS é o custo de encomenda por encomenda, e
  - HHH é o custo de detenção por unidade e por período de tempo.

Implementação no Flow Shop:

- **Encomenda de lotes**: Determinar o tamanho ideal do lote para matérias-primas ou componentes com base em cálculos EOQ para minimizar os custos totais de inventário.
- **Reabastecimento de inventário**: Programar encomendas ou reabastecimentos com base no EOQ para manter níveis de inventário adequados sem custos de detenção excessivos.
- **Integração com o Planeamento da Produção**: Coordenar os cálculos EOQ com os planos de produção para otimizar os níveis de inventário e a eficiência da produção.

Benefícios:

• **Eficiência de custos**: Minimizar os custos totais do inventário, equilibrando os custos de encomenda e de detenção.

• **Otimização do inventário**: Assegurar níveis de inventário óptimos para satisfazer a produção e a procura dos clientes.

• **Simplicidade**: Cálculo e implementação simples, adequados para gerir uma procura estável e previsível.

6.2.2 Sistemas de inventário Just-in-Time (JIT)

O Just-in-Time (JIT) é uma estratégia de gestão de stocks que tem como objetivo produzir ou adquirir bens apenas quando são necessários, reduzindo assim o desperdício e os custos de detenção e melhorando a eficiência.

Conceitos-chave:

• **Sistema pull**: A produção ou aquisição baseia-se na procura efectiva do cliente e não na procura prevista.

• **Fluxo contínuo**: Manter um fluxo contínuo de materiais e produtos através do processo de produção para minimizar o WIP e o inventário de produtos acabados.

• **Relações com fornecedores**: Promover relações estreitas com os fornecedores para garantir a entrega atempada de materiais em lotes pequenos e frequentes.

Implementação no Flow Shop:

• **Sistemas Kanban**: Utilizar cartões ou sinais Kanban para acionar a produção ou o reabastecimento com base no consumo de materiais ou componentes.

• **Produção enxuta**: Integrar os princípios JIT com as práticas de fabrico lean para eliminar o desperdício e otimizar o fluxo de produção.

• **Programação da produção**: Programar a produção com base em sinais de procura em tempo real de clientes ou processos a jusante.

Benefícios:

• **Redução de resíduos**: Minimizar o excesso de inventário, a sobreprodução e o stock obsoleto.

• **Eficiência melhorada**: Simplificar os processos de produção e reduzir os tempos de ciclo.

• **Melhoria da qualidade**: A concentração na produção de acordo com a procura do cliente conduz a um melhor controlo de qualidade e capacidade de resposta.

6.3 Integração da cadeia de abastecimento e inventário gerido pelo fornecedor (VMI)

A integração da cadeia de abastecimento e o inventário gerido pelo fornecedor (VMI) são estratégias que envolvem a colaboração entre fornecedores e clientes para otimizar os níveis de inventário, reduzir os custos e melhorar a eficiência da cadeia de abastecimento.

6.3.1 Integração da cadeia de abastecimento

A integração da cadeia de abastecimento visa alinhar e coordenar as actividades em toda a cadeia de abastecimento para conseguir um fluxo contínuo de materiais, informações e finanças dos fornecedores para os clientes finais.

Elementos-chave:

- **Planeamento, Previsão e Reabastecimento Colaborativos (CPFR)**: Planear e prever a procura em conjunto com os fornecedores para garantir o reabastecimento atempado.
- **Partilha de informações**: Partilhe dados em tempo real sobre níveis de inventário, calendários de produção e previsões de procura para melhorar a visibilidade da cadeia de fornecimento.
- **Integração tecnológica**: Utilizar sistemas e tecnologias de informação integrados para facilitar a comunicação e a coordenação entre os parceiros da cadeia de abastecimento.

Benefícios:

- **Redução dos prazos de entrega**: Reduzir os prazos de entrega e melhorar a capacidade de resposta à procura dos clientes.
- **Otimização do inventário**: Otimizar os níveis de inventário em toda a cadeia de fornecimento para reduzir as rupturas de stock e o excesso de inventário.
- **Eficiência de custos**: Reduzir os custos globais de inventário e as despesas operacionais através de uma melhor coordenação e eficiência.

6.3.2 Inventário gerido pelo fornecedor (VMI)

O inventário gerido pelo fornecedor (VMI) é uma prática em que o fornecedor é responsável pela gestão e reposição do inventário nas instalações do cliente com base em níveis de inventário acordados e previsões de procura.

Implementação:

• **Inventário em consignação**: Os fornecedores mantêm a propriedade do inventário até que este seja utilizado ou vendido pelo cliente.

• **Reabastecimento contínuo**: Reabastecer automaticamente o inventário com base em factores pré-determinados, tais como níveis mínimos de stock ou taxas de consumo.

• **Métricas de desempenho**: Estabelecer indicadores-chave de desempenho (KPIs) e acordos de nível de serviço (SLAs) para monitorizar o desempenho do fornecedor e a gestão do inventário.

Benefícios:

• **Redução dos custos de manutenção de stocks**: Transferir os custos e riscos de manutenção de stocks para os fornecedores.

• **Melhoria dos níveis de serviço**: Assegurar a disponibilidade de materiais e produtos para satisfazer a procura dos clientes.

• **Colaboração melhorada**: Promover relações mais estreitas e colaboração entre fornecedores e clientes.

CAPÍTULO 7

MEDIÇÃO E MELHORIA DO DESEMPENHO

A medição e a melhoria do desempenho são aspectos críticos da gestão eficaz das operações de flow shop. Este artigo explora os indicadores-chave de desempenho (KPIs) utilizados para avaliar o desempenho em flow shops, as técnicas de melhoria contínua, incluindo o ciclo PDCA e a metodologia DMAIC do Six Sigma, e a importância da avaliação comparativa e da adoção das melhores práticas.

7.1 Indicadores-chave de desempenho (KPIs) para operações de Flow Shop

Os Indicadores Chave de Desempenho (KPIs) são valores mensuráveis que demonstram a eficácia com que uma organização está a atingir os seus principais objectivos comerciais. Nas operações de flow shop, os KPIs ajudam a monitorizar o desempenho, a identificar áreas de melhoria e a orientar a tomada de decisões. Alguns KPIs essenciais para operações de flow shop incluem:

1. **Tempo de ciclo**:

o **Definição**: O tempo total necessário para completar um produto ou trabalho do início ao fim no flow shop.

o **Importância**: Indica a eficiência da produção e a capacidade de resposta à procura dos clientes.

o **Medição**: Calcular o tempo médio de ciclo por produto ou trabalho durante um período especificado.

2. Rendimento:

o **Definição**: O ritmo a que os produtos ou trabalhos são concluídos e entregues aos clientes.

o **Importância**: Reflecte a capacidade de produção e a eficiência dos processos de flow shop.

o **Medição**: Medir o número de unidades produzidas por unidade de tempo (por exemplo, por hora, por dia).

3. Taxa de utilização:

o **Definição**: A percentagem do tempo de produção disponível que é utilizada para actividades produtivas.

o **Importância**: Indica a eficácia com que os recursos (máquinas, mão de obra) são utilizados.

o **Medição**: Calcular como (tempo de produção efetivo / tempo de produção disponível) x 100%.

4. Rotação de inventário:

o **Definição**: O número de vezes que o inventário é vendido ou utilizado num determinado período.

o **Importância**: Mede a rapidez com que o inventário é utilizado ou vendido, reflectindo a eficiência na gestão do inventário.

o **Medição**: Calcular como (Custo dos Produtos Vendidos / Nível Médio de Inventário).

5. First Pass Yield (FPY):

o **Definição**: A percentagem de produtos ou trabalhos que passam por todo o processo de produção sem necessidade de retrabalho ou correção.

o **Importância**: Indica a qualidade e a eficiência do processo em operações de flow shop.

o **Medição**: Calcular como (Número de Unidades Boas Produzidas / Número de Unidades Iniciadas) x 100%.

6. **Índice de Qualidade ou Taxa de Defeitos**:

o **Definição**: A percentagem de unidades ou produtos defeituosos produzidos em relação ao total de unidades ou produtos produzidos.

o **Importância**: Mede a qualidade do processo e identifica as áreas que precisam de ser melhoradas.

o **Medição**: Calcular como (Número de Unidades Defeituosas / Total de Unidades Produzidas) x 100%.

7. **Eficácia global do equipamento (OEE)**:

o **Definição**: Medida do grau de utilização do equipamento de fabrico em relação ao seu potencial máximo.

o **Importância**: Fornece informações sobre o desempenho, a disponibilidade e a qualidade do equipamento.

o **Medição**: Calcular como Disponibilidade x Desempenho x Qualidade, onde:

- Disponibilidade = (tempo de funcionamento/tempo de produção planeado) x 100%.

- Desempenho = (tempo de ciclo ideal/tempo de ciclo real) x 100%.

- Qualidade = (Contagem de boas / Contagem total) x 100%

7.2 Técnicas de melhoria contínua

A melhoria contínua é uma abordagem sistemática para melhorar os processos, produtos ou serviços ao longo do tempo. Nas operações de flow shop, as técnicas de melhoria contínua visam eliminar o desperdício, otimizar a eficiência e melhorar o desempenho global. Duas metodologias amplamente utilizadas para a melhoria contínua incluem o ciclo PDCA e a metodologia DMAIC do Six Sigma.

7.2.1 Ciclo PDCA (Planear-Fazer-Verificar-Atuar)

O ciclo PDCA, também conhecido como ciclo de Deming ou ciclo de Shewhart, é um processo iterativo de quatro etapas utilizado para a melhoria contínua:

1. **Plano**:

o **Identificar o problema**: Definir e compreender o problema ou a oportunidade de melhoria.

o **Definir objectivos**: Estabelecer metas e objectivos claros para a melhoria.

o **Desenvolver um plano**: Criar um plano de ação, incluindo tarefas, responsabilidades e prazos.

2. **Fazer**:

o **Implementar o plano**: Executar o plano de acordo com as acções e os prazos definidos.

o **Recolher dados**: Recolher dados e informações durante o processo de implementação.

o **Documentar as observações**: Documentar as observações e quaisquer problemas inesperados encontrados.

3. **Verificar**:

o **Avaliar os resultados**: Avaliar os efeitos e os resultados obtidos com as acções implementadas.

o **Comparar Com os objectivos**: Comparar o desempenho real com os objectivos estabelecidos.

o **Identificar desvios**: Identificar quaisquer desvios ou lacunas entre os resultados previstos e os resultados efectivos.

4. **Ato**:

o **Normalizar as melhorias**: Implementar procedimentos normalizados ou melhores práticas com base em resultados bem sucedidos.

o **Ajustar os planos**: Modificar e ajustar os planos com base nas lições aprendidas e no feedback da fase de verificação.

o **Continuar a melhorar**: Recomeçar o ciclo para abordar novas oportunidades de melhoria.

7.2.2 Metodologia DMAIC (Definir-Medir-Analisar-Melhorar-Controlar)

O DMAIC é um ciclo de melhoria orientado por dados utilizado em projectos Six Sigma para melhorar os processos existentes:

1. **Definir**:

o **Definir objectivos**: Definir claramente o problema, os objectivos do projeto e os requisitos do cliente.

o **Escopo do projeto**: Determinar os limites, as partes interessadas e o calendário do projeto de melhoria.

o **Desenvolver o plano do projeto**: Criar um plano de projeto detalhado que defina as etapas, os recursos e os resultados.

2. **Medida**:

o **Medição de base**: Estabelecer métricas de desempenho de base e recolher dados relevantes.

o **Recolha de dados**: Recolher dados sobre as principais variáveis do processo, defeitos e indicadores de desempenho.

o **Mapeamento de processos**: Mapear o fluxo do processo atual para identificar áreas de medição e melhoria.

3. **Analisar**:

o **Análise da causa raiz**: Analisar os dados para identificar as causas principais dos defeitos, variações ou ineficiências.

o **Análise estatística**: Utilizar ferramentas e técnicas estatísticas para validar os resultados e identificar factores significativos.

o **Priorizar problemas**: Dar prioridade aos problemas com base no seu impacto no desempenho do processo e nos requisitos do cliente.

4. **Melhorar**:

o **Gerar soluções**: Desenvolver e implementar soluções para resolver as causas principais e melhorar o desempenho do processo.

o **Testes-piloto**: Efetuar testes-piloto ou simulações para validar as melhorias propostas antes da implementação total.

o **Otimizar os processos**: Otimizar os processos para atingir os níveis de desempenho desejados e cumprir os objectivos do projeto.

5. **Controlo**:

o **Normalizar os procedimentos**: Estabelecer procedimentos operacionais normalizados (SOPs) e melhores práticas com base em processos melhorados.

o **Implementar controlos**: Implementar controlos para manter as melhorias e evitar a regressão a níveis de desempenho anteriores.

o **Monitorizar o desempenho**: Monitorizar continuamente o desempenho do processo utilizando cartas de controlo, KPIs e mecanismos de feedback.

7.3 Benchmarking e melhores práticas

O benchmarking envolve a comparação dos processos e métricas de desempenho de uma empresa com os padrões da indústria ou com as melhores práticas para identificar oportunidades de melhoria. A adoção das melhores práticas permite que as organizações aprendam com estratégias bem sucedidas e as apliquem para alcançar um desempenho superior nas operações de flow shop.

7.3.1 Tipos de Benchmarking

1. **Benchmarking interno**:

o Comparar o desempenho e os processos em diferentes departamentos ou unidades da mesma organização.

o Identificar e reproduzir práticas bem sucedidas em todas as divisões internas.

2. **Benchmarking competitivo**:

o Comparar o desempenho com o de concorrentes directos ou líderes do sector.

o Identificar áreas em que os concorrentes se destacam e implementar estratégias para melhorar a vantagem competitiva.

3. **Benchmarking funcional**:

o Comparar processos e práticas com organizações que desempenham funções semelhantes, mas que podem operar em sectores diferentes.

o Adaptar e aplicar as melhores práticas de outros sectores para melhorar a eficiência e a inovação.

4. **Benchmarking estratégico**:

o Comparar o desempenho com organizações conhecidas pela sua orientação estratégica ou sucesso a longo prazo.

o Identificar iniciativas e práticas estratégicas que possam ser adoptadas para atingir os objectivos estratégicos.

7.3.2 Implementar o Benchmarking e as Melhores Práticas

1. **Identificar métricas**: Definir métricas de desempenho e KPIs relevantes para comparar com as normas ou melhores práticas do sector.

2. **Recolha de dados**: Recolher dados sobre as actuais métricas e processos de desempenho na organização.

3. **Comparar e analisar**: Compare as métricas de desempenho com os valores de referência e analise as lacunas ou áreas a melhorar.

4. **Implementar melhorias**: Implementar alterações ou adotar as melhores práticas identificadas através da avaliação comparativa para melhorar o desempenho.

5. **Monitorizar e avaliar**: Monitorizar continuamente os indicadores de desempenho e avaliar a eficácia das melhorias implementadas.

CAPÍTULO 8

TECNOLOGIA E AUTOMATIZAÇÃO EM FLOW SHOP

A tecnologia e a automação desempenham papéis fundamentais na modernização das operações de flow shop, melhorando a eficiência, a flexibilidade e a produtividade. Este livro explora os conceitos de Indústria 4.0 e fabrico inteligente, juntamente com tecnologias de fabrico avançadas, como a robótica e a automação, IoT (Internet das Coisas) e aplicações de Inteligência Artificial (IA) em ambientes de flow shop.

8.1 Indústria 4.0 e conceitos de fabrico inteligente

A Indústria 4.0 representa a quarta revolução industrial, caracterizada pela integração de tecnologias digitais nos processos de fabrico para criar fábricas inteligentes e permitir sistemas de produção conectados. O fabrico inteligente tira partido da automatização avançada, do intercâmbio de dados e das tecnologias de fabrico para alcançar uma maior eficiência operacional e capacidade de resposta.

8.1.1 Conceitos-chave da Indústria 4.0:

1. **Interconectividade**:

o **Integração da IoT**: Ligação de máquinas, sensores e sistemas para recolher dados em tempo real para monitorização e controlo.

o **Sistemas ciber-físicos (CPS)**: Integração de processos físicos com tecnologias digitais para permitir a tomada de decisões em tempo real.

2. **Transparência da informação**:

o **Análise de dados**: Análise de grandes volumes de dados (Big Data) para obter informações e otimizar os processos de produção.

o **Computação em nuvem**: Armazenamento e acesso a dados e aplicações através da Internet para efeitos de escalabilidade e flexibilidade.

3. **Assistência técnica**:

o **Realidade Aumentada (RA)**: Sobreposição de informações digitais no mundo físico para ajudar os operadores na execução de tarefas.

o **Realidade virtual (RV)**: Criação de ambientes virtuais imersivos para formação, simulação e conceção.

4. **Decisões descentralizadas**:

o **Sistemas autónomos**: Máquinas e sistemas capazes de tomar decisões e fazer ajustes de forma independente com base em regras e algoritmos predefinidos.

o **Computação de borda**: Processamento de dados localmente na fonte (na extremidade da rede) para reduzir a latência e melhorar os tempos de resposta.

8.1.2 Benefícios da Indústria 4.0 no Flow Shop:

• **Aumento da eficiência**: Otimização dos processos de produção através da monitorização de dados em tempo real monitorização de dados e análise preditiva em tempo real.

• **Flexibilidade e personalização**: Adaptação rápida das linhas de produção às alterações da procura e dos requisitos dos clientes.

• **Melhoria da qualidade**: Melhorar a qualidade do produto através da monitorização e controlo em tempo real dos parâmetros de fabrico.

• **Redução de custos**: Minimizar o desperdício, o tempo de inatividade e o consumo de energia através de operações optimizadas.

8.2 Tecnologias de fabrico avançadas

As tecnologias de fabrico avançadas englobam uma gama de soluções inovadoras que revolucionam as práticas de fabrico tradicionais, melhorando a produtividade, a qualidade e a competitividade. Nas operações de flow shop, estas tecnologias são fundamentais para otimizar os processos e melhorar a eficiência global.

8.2.1 Robótica e automatização

A robótica e a automação envolvem a utilização de sistemas automatizados e robôs para executar tarefas tradicionalmente efectuadas por seres humanos. Estas tecnologias desempenham um papel crucial no aumento da velocidade de produção, da precisão e da fiabilidade em ambientes de produção em série.

1. **Robôs industriais**:

o **Tipos**: Robôs articulados, robôs SCARA, robôs colaborativos (cobots).

o **Aplicações**: Montagem, soldadura, manuseamento de materiais, pintura e inspeção de qualidade.

o **Vantagens**: Melhoria da precisão, repetibilidade e eficiência nos processos de fabrico.

2. **Veículos Guiados Automatizados (AGVs)**:

o **Objetivo**: Veículos autónomos ou guiados utilizados para a movimentação de materiais e a logística dentro da fábrica.

o **Aplicações**: Transporte de materiais entre estações de trabalho, armazéns e docas de expedição.

o **Vantagens**: Aumento da eficiência logística, redução do manuseamento manual e otimização do fluxo de trabalho.

3. **Sistemas de montagem automatizados**:

o **Integração**: Sistemas automatizados para a montagem de componentes e produtos em linhas de produção.

o **Vantagens**: Racionalização dos processos de montagem, redução dos custos de mão de obra e minimização dos erros.

8.2.2 IoT (Internet das coisas)

A Internet das Coisas (IoT) refere-se à rede de dispositivos, sensores e máquinas interligados que comunicam e trocam dados através da Internet. Nas operações de flow shop, a IoT permite a monitorização em tempo real, a manutenção preditiva e a otimização dos processos de produção.

1. **Tecnologia de sensores**:

o **Implantação**: Instalação de sensores em máquinas, equipamentos e produtos para recolher dados sobre o desempenho, o estado e a qualidade.

o **Recolha de dados**: Recolha de dados em tempo real sobre temperatura, pressão, vibração e outros parâmetros.

o **Vantagens**: Facilitar a manutenção preditiva, melhorar a utilização dos activos e otimizar a eficiência energética.

2. **Máquinas e sistemas conectados**:

o **Integração**: Ligação de máquinas de produção, PLCs (Programmable Logic

Controllers) e MES (Manufacturing Execution Systems) para uma troca de dados sem falhas.

o **Análise de dados**: Analisar os dados gerados pela IoT para identificar padrões, tendências e oportunidades de otimização de processos.

o **Monitorização remota**: Monitorização remota das actividades de produção e das métricas de desempenho através de painéis de controlo e aplicações compatíveis com a IoT.

3. **Sensores e actuadores inteligentes**:

o **Funcionalidade**: Sensores e actuadores avançados capazes de auto-calibração, auto-diagnóstico e controlo adaptativo.

o **Aplicações**: Aumento da precisão nos processos de fabrico, melhoria da qualidade dos produtos e redução do tempo de inatividade.

8.2.3 Aplicações de Inteligência Artificial (IA) em Flow Shop

A Inteligência Artificial (IA) engloba algoritmos de aprendizagem automática e tecnologias de computação cognitiva que simulam a inteligência humana e as capacidades de tomada de decisões. Nas operações de flow shop, as aplicações de IA impulsionam a análise preditiva, os sistemas de controlo autónomos e a otimização de processos de fabrico complexos.

1. **Manutenção Preditiva**:

o **Algoritmos de IA**: Utilização de modelos de aprendizagem automática para prever falhas de equipamento e necessidades de manutenção com base em dados históricos e entradas de sensores em tempo real.

o **Vantagens**: Minimizar o tempo de inatividade não planeado, prolongar a vida útil do equipamento e reduzir os custos de manutenção.

2. **Controlo de qualidade e inspeção**:

o **Visão computacional**: Implementação de sistemas de visão alimentados por IA para inspeção automatizada da qualidade e deteção de defeitos.

o **Reconhecimento de padrões**: Identificação e classificação de defeitos ou anomalias em produtos com elevada precisão e rapidez.

o **Vantagens**: Melhorar a qualidade do produto, reduzir o desperdício e o retrabalho e garantir a conformidade com as normas de qualidade.

3. **Planeamento e otimização da produção**:

o **Algoritmos de otimização**: Utilização de algoritmos de IA para otimizar a programação da produção, a afetação de recursos e a gestão do fluxo de trabalho.

o **Tomada de decisões em tempo real**: Efetuar ajustes em tempo real aos parâmetros de produção com base em informações orientadas por IA e análises preditivas.

o **Vantagens**: Melhorar a eficiência da produção, minimizar os prazos de entrega e responder rapidamente a alterações na procura ou a interrupções.

8.3 Desafios e considerações sobre a implementação

Embora a adoção de tecnologias avançadas ofereça inúmeros benefícios, a sua implementação em operações de flow shop exige a resolução de vários desafios e considerações:

1. **Considerações sobre os custos**: Custos de investimento inicial para aquisição de tecnologia, integração e formação.

2. **Complexidade de integração**: Assegurar uma integração perfeita das novas tecnologias com as infra-estruturas, sistemas e processos existentes.

3. **Segurança e privacidade dos dados**: Proteger os dados sensíveis e garantir a

existência de medidas de cibersegurança para evitar o acesso não autorizado ou violações.

4. **Competências e formação da força de trabalho**: Fornecer programas de formação e atualização de competências para que os trabalhadores possam operar e manter tecnologias avançadas de forma eficaz.

5. **Gestão da mudança**: Gerir a mudança organizacional e a adaptação cultural para adotar novas tecnologias e fluxos de trabalho.

CAPÍTULO 9

SUSTENTABILIDADE AMBIENTAL NO FLOW SHOP

A sustentabilidade ambiental nas operações de flow shop centra-se na minimização da pegada ecológica dos processos de fabrico, assegurando simultaneamente uma produção eficiente e a conformidade com os regulamentos ambientais. Este artigo explora o impacto ambiental das operações de flow shop, as práticas de fabrico ecológicas, incluindo a eficiência energética e a redução de resíduos, bem como os regulamentos e as medidas de conformidade.

9.1 Impacto ambiental das operações do Flow Shop

As operações de flow shop, como qualquer processo de fabrico, têm vários impactos ambientais que podem resultar do consumo de recursos, da produção de resíduos, das emissões e da utilização de energia. A compreensão destes impactes é crucial para o desenvolvimento de estratégias de mitigação dos danos ambientais e de promoção de práticas sustentáveis.

9.1.1 Principais impactos ambientais:

1. **Consumo de recursos**:

o **Matérias-primas**: A extração de matérias-primas, como metais, minerais e plásticos, esgota os recursos naturais.

o **Água**: O consumo de água para processos de produção e refrigeração pode afetar os recursos hídricos locais.

2. **Utilização de energia**:

o **Eletricidade**: O consumo de eletricidade para alimentar máquinas, iluminação e sistemas HVAC contribui para as emissões de gases com efeito de estufa.

o **Calor**: Os processos intensivos em energia, como a soldadura e a moldagem, requerem uma energia térmica significativa.

3. **Produção de resíduos**:

o **Resíduos sólidos**: Produção de materiais de sucata, resíduos de embalagens e produtos descartados.

o **Águas residuais**: Descarga de águas residuais do processo contendo contaminantes e produtos químicos.

4. **Emissões atmosféricas**:

o **Gases com efeito de estufa**: Emissões de dióxido de carbono (CO_2), metano (CH_4) e óxido nitroso (N_2O) provenientes do consumo de energia e dos processos de combustão.

o **Poluentes atmosféricos**: Emissões de partículas (PM), dióxido de enxofre (SO_2), óxidos de azoto (NOx) e compostos orgânicos voláteis (COV) provenientes de operações industriais.

5. **Impacto ecológico**:

o **Perda de habitat**: Impacto nos ecossistemas locais devido a alterações na utilização dos solos e à extração de recursos.

o **Biodiversidade**: Perturbação da biodiversidade através da destruição de habitats e da poluição.

9.2 Práticas de fabrico ecológicas

As práticas de fabrico ecológico visam minimizar o impacto ambiental ao longo do ciclo de vida do produto, desde a conceção e fabrico até à distribuição e eliminação. A implementação destas práticas nas operações de flow shop pode aumentar a eficiência dos recursos, reduzir os resíduos e promover o desenvolvimento sustentável.

9.2.1 Eficiência energética

1. **Sistemas de gestão de energia**:

o **Implementação**: Implantação de sistemas de monitorização da energia para acompanhar o consumo de energia e identificar os domínios susceptíveis de serem melhorados.

o **Otimização**: Utilização de equipamento energeticamente eficiente, como iluminação LED, motores de alta eficiência e variadores de frequência (VFDs).

2. **Integração das energias renováveis**:

o **Solar e eólica**: Instalação de painéis solares e turbinas eólicas para gerar eletricidade renovável no local.

o **Cogeração**: Sistemas de produção combinada de calor e eletricidade (CHP) para a produção simultânea de eletricidade e calor.

3. **Processos energeticamente eficientes**:

o **Lean Manufacturing**: Racionalização dos processos de produção para reduzir as operações que consomem muita energia e minimizar os tempos de inatividade.

o **Recuperação de calor**: Captação de calor residual de processos industriais para reutilização no aquecimento ou noutras operações.

9.2.2 Redução de resíduos e reciclagem

1. Eficiência do material:

o **Conceção para fabrico (DFM)**: Conceção de produtos para minimizar o desperdício de material durante a produção e montagem.

o **Princípios Lean**: Implementação de técnicas Lean para reduzir os níveis de inventário e eliminar actividades sem valor acrescentado.

2. Reciclagem e reutilização:

o **Reciclagem de materiais**: Seleção e reciclagem de materiais de sucata, tais como metais, plásticos e papel, para reutilização em processos de fabrico.

o **Sistemas de ciclo fechado**: Estabelecimento de sistemas de ciclo fechado em que os resíduos são reintegrados no processo de produção.

3. Iniciativas de economia circular:

o **Extensão da vida útil do produto**: Oferecer serviços de reparação, renovação e refabricação para prolongar os ciclos de vida dos produtos.

o **Logística inversa**: Recolha de produtos em fim de vida para desmontagem, reciclagem ou eliminação de uma forma ambientalmente responsável.

9.2.3 Gestão da água

1. Conservação da água:

o **Instalações eficientes**: Instalação de dispositivos e equipamentos economizadores de água, tais como torneiras de baixo caudal e sistemas de refrigeração eficientes em termos de água.

o **Otimização de processos**: Otimização dos processos de produção para minimizar a utilização de água e a produção de águas residuais.

2. Tratamento de águas residuais:

o **Tecnologias de tratamento**: Implementação de sistemas de tratamento de águas residuais, tais como filtração, sedimentação e tratamento biológico, para remover contaminantes antes da descarga.

o **Reutilização**: Tratamento e reutilização de águas residuais para fins não potáveis, como a limpeza e a irrigação.

9.3 Regulamentos e conformidade

Os regulamentos ambientais e os requisitos de conformidade impõem obrigações legais às operações de flow shop para minimizar o impacto ambiental, proteger os recursos naturais e garantir a saúde e segurança públicas. A conformidade com estes regulamentos é essencial para evitar penalizações, manter as operações comerciais e promover a responsabilidade empresarial.

9.3.1 Quadro regulamentar

1. Agência de Proteção do Ambiente (EPA):

o **Normas de qualidade do ar**: Regulamentos que limitam as emissões de poluentes como NOx, SO2, COVs e partículas.

o **Normas de qualidade da água**: Requisitos para licenças de descarga de águas residuais e limitações de efluentes.

2. **Administração da Segurança e Saúde no Trabalho (OSHA):**

o **Segurança dos trabalhadores**: Regulamentos que garantem a segurança no local de trabalho e a proteção contra materiais, equipamentos e processos perigosos.

o **Gestão de resíduos perigosos**: Directrizes para o manuseamento, armazenamento e eliminação de materiais de resíduos perigosos gerados a partir de processos de fabrico.

3. **Normas Internacionais (ISO):**

o **ISO 14001**: Norma de sistemas de gestão ambiental centrada na redução do impacto ambiental, no cumprimento da regulamentação e na melhoria contínua.

o **ISO 50001**: Norma de sistemas de gestão de energia para melhorar o desempenho e a eficiência energética nas organizações.

9.3.2 Estratégias de conformidade

1. **Sistemas de gestão ambiental (SGA):**

o **Implementação**: Desenvolver e implementar um SGA baseado na norma ISO 14001 para gerir os aspectos ambientais, cumprir os regulamentos e atingir os objectivos de sustentabilidade.

o **Auditorias e monitorização**: Realização de auditorias regulares e avaliações ambientais para garantir a conformidade com os requisitos regulamentares e identificar áreas de melhoria.

2. **Tecnologias de controlo das emissões:**

o **Controlo da poluição atmosférica**: Instalação de tecnologias de controlo de emissões, tais como depuradores, filtros e conversores catalíticos, para reduzir os poluentes atmosféricos emitidos pelos processos de fabrico.

o **Monitorização e comunicação**: Monitorização das emissões e comunicação de dados às agências reguladoras, conforme exigido pelas licenças e regulamentos.

3. **Relatórios de sustentabilidade**:

o **Responsabilidade social das empresas (RSE)**: Relatórios sobre o desempenho ambiental, iniciativas de sustentabilidade e esforços de conformidade para as partes interessadas, investidores e organismos reguladores.

o **Transparência e responsabilidade**: Demonstrar o compromisso com os objectivos de sustentabilidade através de relatórios transparentes e medidas de responsabilização.

CAPÍTULO 10

ESTUDOS DE CASOS E APLICAÇÕES

A gestão de flow shop envolve a otimização dos processos de produção para obter eficiência, reduzir custos e melhorar a qualidade em ambientes de fabrico. Este artigo explora exemplos reais e estudos de casos de sucesso de gestão de flow shop em várias indústrias, incluindo a indústria automóvel, a eletrónica e a indústria alimentar. Estes estudos de caso destacam as melhores práticas, os desafios enfrentados e as estratégias implementadas para alcançar a excelência operacional e a competitividade.

10.1 Introdução à gestão de fluxogramas

A gestão de flow shop gira em torno da organização dos processos de produção de uma forma sequencial, em que cada operação deve ser concluída numa ordem específica antes de se poder iniciar a operação seguinte. Esta abordagem estruturada assegura fluxos de trabalho simplificados, minimiza o tempo de inatividade e optimiza a utilização de recursos. A gestão eficaz do flow shop requer planeamento estratégico, programação eficiente e iniciativas de melhoria contínua para cumprir os objectivos de produção e as exigências dos clientes.

10.2 Estudo de caso de fabrico de automóveis: Sistema de Produção da Toyota (TPS)

Visão geral: A Toyota é conhecida por ser pioneira no Sistema de Produção Toyota (TPS), que revolucionou o fabrico de automóveis em todo o mundo. O

TPS é baseado em princípios enxutos que visam eliminar o desperdício, melhorar a eficiência e promover a melhoria contínua em todo o processo de produção.

Princípios fundamentais do TPS:

1. **Produção Just-in-Time (JIT)**: O objetivo do JIT é minimizar os níveis de inventário, produzindo apenas o que é necessário, quando é necessário e na quantidade necessária. Isto reduz os custos de armazenamento, o desperdício e os prazos de entrega.

2. **Jidoka (Autonomia)**: Jidoka refere-se à automatização com um toque humano, em que as máquinas param automaticamente quando são detectados defeitos ou anomalias. Isto assegura o controlo de qualidade e evita que os produtos defeituosos cheguem aos clientes.

3. **Kaizen (Melhoria Contínua)**: O Kaizen incentiva todos os funcionários a contribuírem com ideias de melhoria e a participarem em actividades de resolução de problemas para alcançar melhorias incrementais nos processos e produtos.

10.2.1 Implementação em operações de Flow Shop:

As linhas de montagem da Toyota são um exemplo de gestão eficiente do fluxo de trabalho. Cada posto de trabalho é meticulosamente organizado para garantir um fluxo de trabalho suave e um desperdício mínimo. Os trabalhadores são treinados para executar múltiplas tarefas, promovendo a flexibilidade e a adaptabilidade. A melhoria contínua está enraizada na cultura da Toyota, com os funcionários habilitados a sugerir e implementar melhorias para aumentar a eficiência e a qualidade.

10.2.2 Destaques do estudo de caso:

• **Práticas de Fabrico Lean**: Implementação de princípios de fabrico lean, como o mapeamento do fluxo de valor e sistemas kanban, para otimizar o fluxo de produção e reduzir o desperdício.

• **Controlo de Qualidade**: Integração dos princípios do jidoka para detetar e tratar defeitos no início do processo de produção, garantindo uma elevada qualidade e fiabilidade do produto.

• **Integração de fornecedores**: Relações de colaboração com os fornecedores para implementar a entrega JIT e a gestão de stocks, reduzindo os prazos de entrega e os custos logísticos.

• **Sustentabilidade ambiental**: Compromisso com práticas de fabrico sustentáveis, incluindo iniciativas de eficiência energética e estratégias de redução de resíduos.

10.3 Estudo de caso da indústria eletrónica: Operações de fabrico da Foxconn

Descrição geral: O Foxconn Technology Group, um importante fabricante de produtos electrónicos, é conhecido pela sua escala e eficiência na produção de produtos electrónicos de consumo, incluindo smartphones, tablets e computadores. A empresa opera instalações de produção em grande escala que exemplificam tecnologias de fabrico avançadas e otimização de processos.

Aspectos fundamentais das operações de fabrico da Foxconn:

1. **Automação e robótica**: A Foxconn utiliza uma vasta gama de robots industriais para processos de montagem, teste e embalagem. Os robôs garantem precisão, velocidade e consistência nas operações de fabrico.

2. **Tecnologias de fabrico avançadas**: Implementação de conceitos da Indústria 4.0, incluindo linhas de produção com IoT, análises baseadas em IA e veículos guiados automaticamente (AGV), para monitorização e otimização em tempo real.

3. **Integração da cadeia de fornecimento**: Integração perfeita com cadeias de fornecimento globais para garantir a entrega atempada de componentes e peças, apoiando a produção JIT e reduzindo os custos de inventário.

10.3.1 Implementação em ambientes Flow Shop:

A gestão de flow shop da Foxconn centra-se na maximização da eficiência e agilidade da produção. As linhas de montagem são concebidas para uma produção rápida, com um tempo de inatividade mínimo e capacidades de mudança rápida entre variantes de produtos. A robótica e a automação avançadas desempenham um papel crucial na obtenção de uma produção de grande volume, mantendo a qualidade e a consistência do produto.

10.3.2 Destaques do estudo de caso:

• **Escala e eficiência**: Gestão de operações complexas de flow shop em várias linhas de produtos, satisfazendo a procura global de produtos electrónicos de consumo.

- **Inovação e adoção de tecnologia**: Adoção de tecnologias de ponta, como a IA, a IoT e a automatização, para melhorar a produtividade, a qualidade e a flexibilidade operacional.

- **Desenvolvimento da força de trabalho**: Programas de formação e iniciativas de desenvolvimento de competências para dotar os trabalhadores dos conhecimentos e competências necessários para trabalhar com tecnologias avançadas.

- **Responsabilidade ambiental**: Iniciativas para reduzir o impacto ambiental através de processos de fabrico eficientes em termos energéticos e programas de reciclagem de resíduos electrónicos (e-lixo).

10.4 Estudo de caso da indústria de processamento de alimentos: Práticas de fabrico da Nestlé

Visão geral: A Nestlé, um líder global na indústria alimentar e de bebidas, exemplifica uma gestão eficiente do fluxo de trabalho nas suas operações de fabrico. A empresa produz uma gama diversificada de produtos, incluindo produtos lácteos, de confeitaria e nutricionais, que requerem um planeamento preciso da produção e um controlo de qualidade.

Aspectos-chave das práticas de fabrico da Nestlé:

1. **Otimização de processos**: Iniciativas de melhoria contínua para otimizar os processos de produção, reduzir o desperdício e melhorar a qualidade do produto.
2. **Normas de qualidade e segurança**: Cumprimento rigoroso dos regulamentos de segurança alimentar e dos protocolos de garantia de qualidade para assegurar a integridade do produto e a segurança do consumidor.
3. **Integração da cadeia de fornecimento**: Relações de colaboração com

fornecedores e distribuidores para garantir a disponibilidade de matérias-primas e a entrega atempada de produtos aos mercados de todo o mundo.

10.4.1 Implementação em ambientes Flow Shop:

As operações flow shop da Nestlé caracterizam-se por um fluxo eficiente de materiais e por uma programação da produção. Cada linha de produção é concebida para categorias de produtos específicas, permitindo um fabrico de grande volume e mantendo, ao mesmo tempo, padrões de qualidade rigorosos. As tecnologias avançadas de embalagem e os sistemas automatizados aumentam o rendimento e minimizam o desperdício de embalagens.

10.4.2 Destaques do estudo de caso:

- **Princípios do Lean Manufacturing**: Aplicação de metodologias lean para eliminar desperdícios, otimizar os níveis de inventário e melhorar a eficiência operacional global.
- **Iniciativas de sustentabilidade**: Compromisso com o fornecimento sustentável de matérias-primas, processos de produção eficientes em termos energéticos e inovações de embalagem para reduzir o impacto ambiental.
- **Inovação no desenvolvimento de produtos**: Introdução de novos produtos e formulações para satisfazer as preferências dos consumidores e as exigências do mercado em constante mudança.
- **Compromisso com a comunidade**: Iniciativas de responsabilidade social da empresa centradas no desenvolvimento da comunidade, na educação e na conservação do ambiente.

10.5 Insights e melhores práticas em todos os sectores

10.5.1 Princípios do Lean Manufacturing em todos os sectores de atividade:

• **Melhoria contínua**: Ênfase no kaizen e no envolvimento dos funcionários em iniciativas de melhoria de processos.

• **Mapeamento do fluxo de valor**: Análise dos fluxos de produção para identificar ineficiências e otimizar as operações.

• **Produção JIT**: Implementação dos princípios JIT para minimizar os custos de manutenção de stocks e reduzir os prazos de entrega.

10.5.2 Adoção e inovação tecnológica:

• **Automação e robótica**: Integração de robótica e sistemas automatizados para aumentar a produtividade e reduzir as tarefas de mão de obra intensiva.

• **IoT e análise de grandes volumes de dados**: Utilização de dispositivos IoT e análise de dados para monitorização em tempo real, manutenção preditiva e controlo de qualidade.

10.5.3 Sustentabilidade ambiental:

• **Eficiência energética**: Adoção de tecnologias energeticamente eficientes e de fontes de energia renováveis para reduzir a pegada de carbono.

• **Redução de resíduos**: Implementação de programas de reciclagem e práticas de economia circular para minimizar a produção de resíduos e promover a eficiência dos recursos.

10.5.4Conformidade regulamentar:

- **Adesão a Normas**: Conformidade com os regulamentos específicos do sector e com as normas internacionais de qualidade, segurança e sustentabilidade ambiental.
- **Gestão de riscos**: Implementação de estratégias de avaliação e mitigação de riscos para lidar com potenciais perturbações nas cadeias de abastecimento e operações de produção.

CAPÍTULO 11

TENDÊNCIAS FUTURAS NA GESTÃO DE FLOW SHOPS

O futuro da gestão de lojas de fluxo está preparado para uma transformação significativa impulsionada por tecnologias emergentes, análise preditiva e planeamento estratégico para enfrentar os desafios futuros. Este artigo explora o cenário em evolução da gestão de flow shop, incluindo as tecnologias e inovações emergentes, a integração da análise preditiva e dos grandes volumes de dados para otimização, e considerações de planeamento estratégico para antecipar e ultrapassar os desafios futuros. A gestão de flow shop envolve a organização sistemática dos processos de produção para alcançar fluxos de trabalho eficientes, minimizar o desperdício e otimizar a utilização de recursos. À medida que as indústrias evoluem e a tecnologia avança, os princípios e práticas da gestão de flow shop devem adaptar-se para satisfazer as exigências de um mercado global dinâmico. As tendências futuras na gestão de flow shop são moldadas pelas inovações tecnológicas, pela tomada de decisões baseada em dados e por estratégias proactivas para navegar pelas incertezas e capitalizar as oportunidades.

11.1 Tecnologias emergentes e inovações

A evolução da gestão de flow shop está intimamente ligada aos avanços tecnológicos que aumentam a produtividade, a flexibilidade e a eficiência operacional. As tecnologias emergentes estão preparadas para revolucionar os processos de fabrico, oferecendo novas capacidades de automatização, conetividade e tomada de decisões em tempo real.

70

11.1.1 Robótica e automatização

1. **Robótica avançada**: Robôs da próxima geração equipados com inteligência artificial (IA) e capacidades de aprendizagem automática para funcionamento autónomo e processos de fabrico adaptáveis.

2. **Robôs colaborativos (Cobots)**: Robôs concebidos para trabalhar em conjunto com os seres humanos, aumentando a segurança e a eficiência em ambientes de fluxo de trabalho.

3. **Robótica móvel**: Veículos guiados automaticamente (AGVs) e robôs móveis autónomos (AMRs) para manuseamento de materiais, logística e transporte dentro das instalações.

11.1.2 Internet das coisas (IoT) e conetividade

1. **IoT industrial (IIoT)**: Integração de sensores, dispositivos e máquinas com conetividade à Internet para permitir a monitorização em tempo real, a manutenção preditiva e a obtenção de informações baseadas em dados.

2. **Computação de borda**: Processamento de dados localmente na extremidade da rede para reduzir a latência, aumentar a segurança dos dados e apoiar a tomada de decisões em tempo real nas operações de flow shop.

3. **Gémeos digitais**: Réplicas virtuais de activos físicos e processos de produção para simulação, otimização e análise preditiva.

11.1.3 Inteligência Artificial (IA) e Aprendizagem Automática

1. **Análise preditiva**: Utilização de algoritmos de IA e modelos de aprendizagem automática para prever a procura, otimizar os calendários de

produção e prever as necessidades de manutenção do equipamento.

2. **Visão artificial**: Sistemas de visão alimentados por IA para inspeção de qualidade, deteção de defeitos e reconhecimento visual automatizado em processos de fabrico.

3. **Processamento de linguagem natural (PNL)**: Aplicações de IA para analisar dados não estruturados, como o feedback dos clientes e as comunicações da cadeia de fornecimento, para informar a tomada de decisões.

11.1.4 Fabrico de aditivos (impressão 3D)

1. **Prototipagem e personalização**: Prototipagem rápida e fabrico a pedido de geometrias complexas e produtos personalizados.

2. **Flexibilidade da cadeia de fornecimento**: Redução dos prazos de entrega e dos custos de inventário através da produção localizada e das capacidades de fabrico descentralizadas.

3. **Inovação em materiais**: Desenvolvimento de materiais avançados para as indústrias aeroespacial, automóvel, de cuidados de saúde e eletrónica de consumo.

11.2 Análise preditiva e Big Data na otimização do fluxo de trabalho

A análise preditiva e os grandes volumes de dados estão a transformar a gestão de flow shops, fornecendo informações accionáveis, optimizando os processos de produção e melhorando as capacidades de tomada de decisões. Estas tecnologias tiram partido de grandes quantidades de dados gerados a partir de sensores, sistemas de produção e cadeias de abastecimento para impulsionar a eficiência operacional e o planeamento estratégico.

11.2.1 Principais aplicações da análise preditiva e dos grandes volumes de dados

1. **Previsão da procura e otimização de stocks**

• **Algoritmos de aprendizagem automática**: Previsão das tendências da procura futura com base em dados históricos de vendas, flutuações do mercado e padrões de comportamento dos consumidores.

• **Otimização do inventário**: Minimizar as rupturas de stock e o excesso de inventário através de análises preditivas para alinhar os planos de produção com as previsões de procura.

2. **Planeamento e programação da produção**

• **Análise de dados em tempo real**: Monitorização de métricas de produção, desempenho do equipamento e eficiência do fluxo de trabalho para identificar estrangulamentos e otimizar a programação.

• **Planeamento da capacidade**: Antecipação dos requisitos de capacidade de produção e atribuição de recursos com base em análises preditivas e análise de cenários.

3. **Manutenção e gestão de activos**

• **Manutenção baseada na condição**: Utilização de sensores IoT e modelos preditivos para detetar falhas no equipamento antes de estas ocorrerem, minimizando o tempo de inatividade e os custos de manutenção.

• **Gestão do ciclo de vida dos activos**: Otimização da utilização de activos e dos ciclos de substituição através de conhecimentos baseados em dados e estratégias de manutenção preditiva.

11.2.2Desafios e considerações sobre a implementação

1. **Integração e qualidade dos dados**: Garantir a exatidão, consistência e compatibilidade dos dados entre sistemas e fontes díspares para uma análise preditiva fiável.

2. **Aptidões e conhecimentos especializados**: Criação de capacidades internas em ciência de dados, IA e aprendizagem automática para aproveitar eficazmente a análise preditiva para a otimização do fluxo de trabalho.

3. **Privacidade e segurança**: Salvaguardar os dados sensíveis e a propriedade intelectual através de medidas sólidas de cibersegurança e de quadros de governação de dados.

11.3 Planeamento estratégico para desafios futuros

Antecipar e enfrentar os desafios futuros é essencial para o crescimento sustentável e a resiliência na gestão de flow shops. O planeamento estratégico envolve medidas proactivas para navegar pelas incertezas, capitalizar as oportunidades e manter a vantagem competitiva num mercado em rápida evolução.

11.3.1Sustentabilidade e resiliência a longo prazo

1. **Sustentabilidade ambiental**: Integração de práticas de fabrico ecológicas, fontes de energia renováveis e princípios de economia circular para reduzir o impacto ambiental e reforçar a responsabilidade social das empresas.

2. **Resiliência da cadeia de abastecimento**: Diversificação de fornecedores, estabelecimento de parcerias estratégicas e adoção de estratégias ágeis de gestão

da cadeia de abastecimento para atenuar os riscos e as perturbações.

3. Conformidade e normas regulamentares

• **Normas globais**: Cumprir os regulamentos internacionais, as normas da indústria e os requisitos de conformidade para garantir a qualidade, segurança e práticas comerciais éticas dos produtos.

• **Considerações éticas**: Abordagem de considerações éticas na adoção de tecnologias, privacidade de dados e gestão da força de trabalho para promover a confiança e a transparência.

11.3.2Inovação e Adaptação

1. **Preparação para a Indústria 4.0**: Adotar iniciativas de transformação digital, como o fabrico inteligente, a automação e a conetividade, para aumentar a agilidade operacional e a competitividade.

2. **Cultura de Melhoria Contínua**: Cultivar uma cultura de inovação, partilha de conhecimentos e melhoria contínua para impulsionar ganhos de produtividade e excelência operacional.

3. Expansão do mercado e globalização

• **Mercados emergentes**: Identificação de oportunidades de crescimento em mercados emergentes e adaptação de estratégias empresariais à dinâmica do mercado local e às preferências dos consumidores.

• **Marketing digital e comércio eletrónico**: Tirar partido das plataformas digitais, dos canais de comércio eletrónico e da análise de dados para expandir o alcance do mercado e melhorar o envolvimento dos clientes.

11.3.3 Desenvolvimento do capital humano

1. **Desenvolvimento de competências**: Investir em programas de formação e desenvolvimento da força de trabalho para melhorar as competências dos trabalhadores em matéria de literacia digital, competências técnicas e capacidade de resolução de problemas.

2. **Envolvimento da força de trabalho**: Fomentar um ambiente de trabalho favorável, promover a diversidade e a inclusão e capacitar os funcionários para impulsionar a inovação e a excelência operacional.

3. **Liderança e gestão da mudança**: Fomentar a liderança visionária e as capacidades de gestão da mudança para liderar a transformação organizacional e navegar nas perturbações do sector.

CAPÍTULO 12

APÊNDICE

12.1 Glossário de termos de gestão de fluxogramas

1. Gestão do fluxo de trabalho: A organização sistemática dos processos de produção de uma forma sequencial para otimizar o fluxo de trabalho e minimizar o tempo de inatividade.

2. Oficina de trabalho: Um processo de fabrico em que são efectuadas diferentes operações em várias ordens de fabrico, normalmente adequado para produção personalizada ou de baixo volume.

3. Produção em lote: Método de fabrico em que produtos semelhantes são produzidos em lotes ou grupos, permitindo tempos de preparação e mudança de produção eficientes.

4. Just-in-Time (JIT): Uma estratégia de produção destinada a minimizar os níveis de inventário, produzindo bens apenas quando necessário e em resposta à procura do cliente.

5. Sistema Kanban: Uma técnica de fabrico lean que utiliza pistas visuais (kanbans) para assinalar a necessidade de produção ou de reposição de materiais.

6. Mapeamento do Fluxo de Valor: Um método de gestão lean utilizado para analisar e melhorar o fluxo de materiais e informações necessárias para levar um produto ou serviço a um cliente.

7. Kaizen: Filosofia de melhoria contínua que envolve todos os funcionários na procura e implementação de pequenas mudanças incrementais nos processos para melhorar a eficiência e a qualidade.

8. Gestão da Qualidade Total (TQM): Uma abordagem de gestão centrada na melhoria contínua da qualidade em todos os processos organizacionais, envolvendo todos os funcionários e partes interessadas.

9. Seis Sigma: Uma abordagem baseada em dados para melhorar a qualidade dos processos através da identificação e eliminação de defeitos e variabilidade.

10. Quantidade Económica de Encomenda (EOQ): Uma fórmula utilizada para determinar a quantidade óptima de inventário a encomendar que minimiza os custos totais de inventário.

11. Simulação: A utilização de modelos para reproduzir o comportamento de processos ou sistemas do mundo real ao longo do tempo, ajudando na tomada de decisões e na otimização de processos.

12. Gémeo digital: Uma representação virtual de activos físicos, processos ou sistemas utilizados para simulação, monitorização e otimização em tempo real.

13. Indústria 4.0: A tendência atual de automação e intercâmbio de dados em tecnologias de fabrico, incluindo IoT, IA, computação em nuvem e sistemas ciber-físicos.

14. Fabrico aditivo: O processo de criação de objectos através da construção de camadas de material com base em modelos digitais, frequentemente designado por impressão 3D.

15. Fabrico ecológico: Práticas de fabrico que reduzem o impacto ambiental através da eficiência energética, da redução de resíduos e da utilização sustentável de recursos.

REFERÊNCIAS

1. Livros:

o "Introduction to Operations and Supply Chain Management", de Cecil C. Bozarth e Robert B. Handfield.

o "Operations Management" de Nigel Slack, Alistair Brandon-Jones e Robert Johnston.

o "Lean Thinking: Banir o Desperdício e Criar Riqueza na sua Empresa" de James

P. Womack e Daniel T. Jones.

o "The Toyota Way: 14 Management Principles from the World's Greatest Manufacturer" de Jeffrey K. Liker.

2. Revistas e artigos académicos:

o Revista Internacional de Investigação da Produção

o Jornal de Gestão de Operações

o Gestão da produção e das operações

3. Sítios Web:

o Sociedade de Engenheiros de Fabrico (SME): www.sme.org

o Institute of Operations Management (IOM): www.iomnet.org.uk

o Lean Enterprise Institute: www.lean.org

4. Cursos e formação em linha:

o Coursera: Especialização em Gestão de Operações

o edX: Cursos de Cadeia de Fornecimento e Logística

o MIT OpenCourseWare: Gestão de Operações

5. Relatórios do sector e livros brancos:

o Deloitte Insights: Relatórios da Indústria Transformadora

o McKinsey & Company: Insights sobre operações e gestão da cadeia de suprimentos

o Relatórios da PwC sobre o sector: Tendências e percepções sobre a indústria transformadora

6. Organizações profissionais:

o APICS (Association for Supply Chain Management): www.apics.org

o Instituto de Engenheiros Industriais e de Sistemas (IISE): www.iise.org

Printed by Books on Demand GmbH, Norderstedt / Germany